LES

PETITS NATURALISTES

SÉRIE PETIT IN-12

PROPRIÉTÉ DES ÉDITEURS

Chiens des prairies.

LES
PETITS NATURALISTES

PAR

H. DE CHAVANNES DE LA GIRAUDIÈRE

TOURS

ALFRED MAME ET FILS, ÉDITEURS

—

1889

AVERTISSEMENT

Je me propose, mes chers enfants, de vous entretenir cette fois-ci de quelques espèces d'animaux qui méritent une attention toute particulière, soit par leurs mœurs et leur intelligence, soit par la singularité de leur conformation.

Je ne vous parlerai cependant ni du chien, ni des fourmis, ni des castors, ni des abeilles : que pourrais-je vous en dire que vous n'ayez lu vingt fois dans les *Buffon* grands et petits, dans les *Ménageries,* dans les *Animaux célèbres?* Je connais trop votre amour du nouveau pour ne pas chercher à vous en offrir.

Les bêtes dont nous allons causer n'ont pas l'honneur d'avoir été aussi souvent décrites pour vous que celles dont nous parlions tout à l'heure; c'est très vrai. Mais n'allez pas vous hâter d'en conclure que, si l'on ne vous en a rien ou presque rien dit, c'est qu'elles ne méritaient pas qu'on vous en entretînt d'une manière spéciale. Attendez, pour vous prononcer à leur égard, que vous ayez examiné la dernière gravure de ce livre et tourné son dernier feuillet; car je suis persuadé qu'alors vous conviendrez avec moi que les nouvelles connaissances que je vous aurai fait faire ne sont pas du tout indignes de vos anciennes.

LES
PETITS NATURALISTES

LE PÉLICAN

Chacun a entendu parler de cet oiseau qui, n'ayant plus rien à donner à ses petits affamés, se déchire la poitrine d'un coup de bec, et les nourrit de son propre sang. C'est probablement là, mes chers enfants, tout ce que vous savez du pélican.

Eh bien, quoi qu'il m'en coûte de vous le dire, ce bel exemple d'amour maternel poussé jusqu'à l'héroïsme n'a jamais été offert par le pélican ; et bien plus, malgré toutes les recherches que l'on a faites, personne n'a pu découvrir à quelle époque cette croyance bizarre avait pris naissance. Pendant plusieurs siècles elle fut si généralement admise, qu'il est peu de monuments anciens sur lesquels vous ne trouviez sculpté un pélican plus ou moins fantastique se donnant lui-même en pâture à sa couvée. C'est un spectacle très touchant; mais c'est la représentation d'un fait imaginaire.

Il est assez singulier qu'un oiseau aussi remarquable sous le double rapport des habitudes et de la conformation doive sa célébrité, non pas à ce qui le rend digne de l'attention, mais à une fable que l'on a débitée sur son compte.

Pour en finir sur ce sujet, je dois vous dire qu'un des naturalistes qui ont le mieux étudié le pélican croit avoir trouvé l'origine du préjugé en question.

Il serait dans ce cas l'objet d'une observation incomplète.

Quand la femelle du pélican a des petits, elle les nourrit d'abord avec une sorte de bouillie composée de poissons qu'elle a broyés et laissés macérer dans la poche dont son bec est pourvu. En dégorgeant cette bouillie teinte du sang des poissons, la femelle du pélican en laisse souvent tomber sur les plumes de sa poitrine. Il suffit que quelque voyageur superficiel ait vu les petits recueillant des gouttelettes, des bribes de cette bouillie arrêtées sur le corps de la mère, pour s'imaginer qu'ils buvaient son sang, et fabriquer l'histoire merveilleuse qui a fait d'autant mieux son chemin dans le monde, qu'elle est fausse et absurde.

Cet oiseau habite l'ancien et le nouveau monde. Toutefois l'espèce américaine est la plus petite, mais ne diffère sous aucun point important de l'espèce répandue dans un grand nombre de régions de l'ancien continent.

Le pélican de la grosse espèce surpasse le cygne par le volume de son corps. Celui de la petite espèce est de la taille de l'oie. Son plumage varie du blanc au gris foncé.

Il se tient habituellement dans le voisinage des eaux salées, et s'écarte peu des bords de la mer. Il se nourrit exclusivement de poissons, et par exception seulement de ceux des eaux douces.

Son vol, quoique lourd et bruyant, est soutenu ; il n'est pas rare de le voir, pendant une demi-heure, décrire sans se reposer de grands cercles au-dessus des lames du rivage dans lesquelles il cherche sa proie.

Dès qu'il l'aperçoit, il se laisse tomber sur elle comme une pierre. Alors la brusquerie de son temps d'arrêt, même quand il file à plein vol, et la rapidité de sa chute sont telles, qu'on dirait un oiseau atteint d'un coup de fusil.

La culbute que le pélican est obligé de faire pour arriver sur le poisson la tête la première, achève de rendre l'illusion complète.

Mais ce qui distingue le pélican des autres palmipèdes, c'est la conformation de son bec, dont la mandibule inférieure est garnie d'une vaste poche où l'oiseau peut entasser et mettre en réserve les poissons qu'il a pêchés. Ce sac, qui s'étend depuis l'extrémité du bec jusqu'à l'œsophage, n'est pas très apparent lorsqu'il est vide, parce qu'il se compose d'une membrane épaisse et rétractile; mais quand il est plein, et par conséquent distendu, il forme une poche oblongue dont on peut apprécier le volume par la quantité d'eau qu'elle est capable de contenir. Or cette quantité dépasse cinq litres d'eau pour les individus adultes et de forte taille.

Comme le pêcheur et le chasseur, le pélican ne consomme pas le produit de sa pêche à mesure qu'il attrape une pièce. Il commence par garnir sa gibecière, et ce n'est que lorsqu'il est las, ou en possession de provisions suffisantes, qu'il va chercher un endroit commode pour dîner à son aise. Arrivé là, il met son couvert, c'est-à-dire vide son sac devant lui, examine ses poissons, les tourne et retourne avec son bec, et se décide enfin à prendre gravement son repas.

Tous ces détails sur les habitudes du pélican sont extraits des relations de voyageurs qui, comme le père Labat et le père Raymond, méritent une entière confiance, sur-

Le pélican.

tout lorsqu'ils parlent de faits qu'ils ont vus

de leurs propres yeux. Du reste, leurs observations, déjà anciennes, se trouvent confirmées pour les pélicans américains par M. Magendie, et pour les pélicans de l'ancien continent par M. Nordman, savant et consciencieux naturaliste, qui, sur les bords de la mer Noire, a étudié d'une manière toute spéciale les mœurs de ces curieux palmipèdes.. C'est M. Nordman qui le premier a signalé les grandes parties de pêche auxquelles se livrent en commun les pélicans de ces contrées. Ce sont des associations volontaires, et pour un but déterminé, que forment de temps en temps quarante à cinquante individus de tout âge et de tout sexe.

Quand ils se sont réunis et qu'ils ont choisi le théâtre de leur pêche, ordinairement une petite baie dont les eaux sont peu profondes, les pélicans prennent les dispositions suivantes. S'abattant tous à la fois dans la mer à une portée de fusil du rivage, ils se placent en ligne de manière à barrer l'ouverture de la baie. Ils arrivent ainsi du large, nageant et battant bruyamment l'eau de leurs ailes et de leur bec pour effrayer le poisson et le pousser devant eux vers la terre. Ils continuent cette manœuvre, s'avançant toujours en bon ordre et conservant bien leurs distances, de manière que le poisson ne puisse passer à travers leurs rangs. Bientôt les deux pélicans placés aux deux extrémités du cordon, qui se courbe en fer à cheval, trouvent pied. Alors leurs compagnons, redoublant leur tapage, et plongeant fréquemment leur tête dans l'eau pour empêcher le poisson de passer sous eux, se rapprochent les uns des autres et rétrécissent le demi-cercle jusqu'à ce que le poisson se trouve acculé au fond de la baie.

Là, dans un espace aussi resserré que peu profond, où les poissons éperdus se heurtent et se débattent, les pélicans les puisent à plein bec, et remplissent en quelques minutes la vaste poche dont ils sont munis.

M. Nordman affirme avoir été plusieurs fois témoin de ces parties de pêche, dont il a suivi attentivement toutes les phases.

Ce qui rend extraordinaires ces pêches en commun exécutées par les pélicans, c'est que ces animaux ne vivent pas en société comme les fourmis et les abeilles. S'ils vivaient en société, s'ils formaient une association permanente, ces pêches n'auraient rien de plus merveilleux que les travaux des abeilles. Mais ce qui leur donne un caractère particulier, c'est qu'on ne peut les expliquer sans admettre forcément que les pélicans, qui vivent habituellement soit isolés, soit par couples, ont un moyen de se communiquer entre eux, quand l'envie leur en prend, le désir, le besoin, la volonté de monter une partie de pêche.

Il y a donc là, d'abord, chez quelques individus, formation d'un projet *qui ne peut être réalisé immédiatement* (notez bien ceci), communication du projet aux pélicans du voisinage, acceptation par une cinquantaine, d'individus de la partie proposée, enfin exécution du projet.

Et un grand philosophe a écrit que les bêtes n'étaient que des machines organisées, des espèces de mécaniques qui, une fois montées par la main toute-puissante du Créateur, marchaient jusqu'à ce que l'usage ou un accident les mît hors de service!

L'ARAIGNÉE MINEUSE

Dans la nombreuse tribu des araignées, presque toutes fabriquent des nids, véritables fourreaux de soie, qu'elles cachent sous les pierres, entre les rides profondes de l'écorce des arbres, ou simplement dans une feuille roulée sur elle-même. Ce fait, qui ne nous frappe pas parce que nous le rencontrons trop fréquemment, prouve cependant d'une manière éclatante qu'il n'est pas, parmi toute la création, un si chétif insecte dont Dieu, dans sa sagesse infinie, n'ait proportionné les ressources à ses besoins. Mais si presque

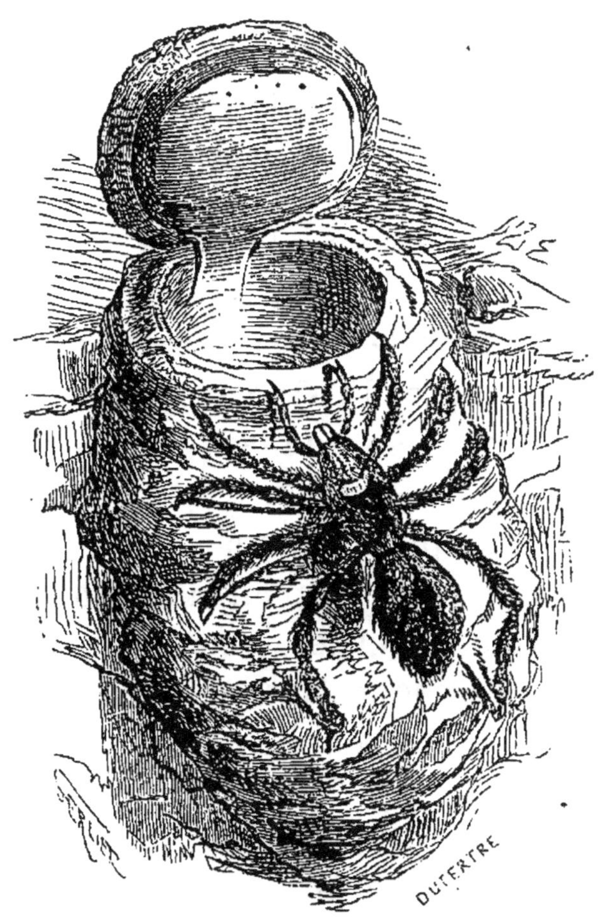

Mygale pionnière et son nid.

toutes les araignées savent se faire un nid, il en est une, l'araignée *mineuse*, qui, dans la construction de sa demeure, laisse bien loin derrière elle les oiseaux, les renards, les lapins et tous les architectes qui bâtissent des nids ou creusent des terriers.

En effet, tous ces architectes velus ou em-plumés savent se construire uné maison; mais tous sont réduits à dissimuler plus ou moins adroitement l'entrée de cette maison, parce qu'aucun n'a l'instinct d'y ajouter une porte. Il en résulte que leurs maisons sont toujours ouvertes, et par conséquent expo-sées au froid et à des visites parfois fort dés-agréables pour le propriétaire.

Seule entre tous les animaux, l'araignée mineuse garnit la galerie souterraine qui lui sert de retraite d'UNE PORTE. Quand je me sers du mot *porte,* ce n'est pas pour exprimer une espèce de fermeture quelconque. Je dis porte, parce que c'est une vraie porte, munie de ses gonds, se fermant d'elle-même, s'ou-vrant à volonté, et tombant dans une feuillure où elle s'emboîte avec une précision qui manque souvent à celles qui closent nos ap-partements.

Cette porte est fabriquée, ainsi que la feuillure qui la reçoit, avec de la terre glaise pétrié et liée au moyen de fils analogues à ceux des toiles d'araignée. Autant la face in-térieure de la porte est unie et proprement tapissée, autant la face extérieure conserve l'aspect du terrain qui l'environne, et avec lequel elle se confond si bien, qu'il est très difficile de l'apercevoir.

J'ai dit que la porte se ferme d'elle-même.

La mineuse obtient ce résultat en plaçant les fils qui composent les gonds à la partie supérieure du battant, qui, ainsi suspendu, retombe nécessairement par l'effet de son propre poids.

Tant qu'aucun animal ne vient toucher à sa porte, la mineuse ne s'en occupe pas; mais si quelque ennemi muni de pinces ou de crochets essaye de l'ouvrir, aussitôt la mineuse, avertie par les fils qu'elle a disposés tout le long de sa galerie, et qui remplacent pour elle la sonnette, accourt, saisit sa porte par le réseau qui là tapisse intérieurement, et cherche à la maintenir fermée.

Comme sa porte s'ouvre en dehors, l'araignée a beaucoup d'avantage sur l'assaillant, qui n'a aucune prise.

Mais ce qui, à mes yeux, est peut-être plus remarquable, plus merveilleux que la construction de la porte, ce sont les moyens de défense que dispose la mineuse en prévision des attaques futures. Ainsi, pour pouvoir maintenir plus facilement sa porte fermée malgré l'effort d'un assaillant, elle pratique dans les parois de sa galerie, à la distance voulue de la porte, une série de petits trous dans lesquels elle enfonce les bouts de ses quatre pattes postérieures, tandis qu'elle accroche ses quatre pattes antérieures au réseau de la porte. On comprend facilement qu'elle utilise ainsi toutes ses forces, qu'elle offre le maximum de résistance dont elle est capable.

Il est rare qu'un naturaliste découvre la galerie d'une mineuse sans lui faire soutenir un siège. Armé d'une épingle dont il introduit la pointe entre la feuillure et la porte, l'homme soulève celle-ci, tandis que l'animal, cramponné au dedans, cherche à la maintenir fermée. Selon que la force que déploie l'assaillant est inférieure ou supérieure à celle de la mineuse, la porte s'entr'ouvre et se referme alternativement, sans que l'araignée se décourage. Ce n'est que quand sa porte est entièrement ouverte que la pauvre bête se réfugie au fond de son trou. Mais, pour qu'elle recommence une nouvelle lutte, il suffit de laisser retomber la porte. Dès qu'elle est fermée, la mineuse vient reprendre sa position, et ne la quitte pas avant que l'entrée de sa demeure soit de nouveau forcée.

L'araignée mineuse ou maçonne, car on lui donne ces deux noms, est rare dans le nord de la France. C'est dans les environs de Montpellier qu'elle a été le plus fréquemment observée. Elle appartient aux espèces nocturnes, c'est-à-dire à celles qui cherchent principalement leur nourriture pendant la nuit, et que l'éclat du grand jour gêne ou offusque au point de paralyser leurs mouvements.

L'AGAMI

Parmi les animaux réunis sous la désignation d'animaux domestiques, il n'est pas sans intérêt de distinguer ceux qui, comme les moutons, les porcs, les oiseaux de basse-cour, ne semblent consentir à vivre auprès de l'homme que parce qu'ils sont nourris, abrités, protégés par lui, du petit nombre de ceux qui recherchent la société plutôt par sympathie que par besoin, plutôt pour lui que pour eux. Les services que les premiers rendent à leur propriétaire n'ont rien de spontané, de désintéressé, tandis que les services que les seconds rendent à leur maître ont un mobile tout différent.

Quelle reconnaissance, quelle obligation la fermière peut-elle avoir envers la vache qui lui donne du lait, la poule qui lui donne des œufs, l'oie qui lui donne du duvet? Aucune, par la raison toute simple qu'il n'y a ni chez la vache, ni chez la poule, ni chez l'oie, désir ou velléité de lui être utile.

La sociabilité des animaux de cette catégorie tient donc uniquement aux nombreux avantages qu'ils trouvent à vivre sous notre dépendance, tandis que la sociabilité des animaux de la seconde catégorie prend sa source dans l'affection instinctive qu'ils éprouvent pour l'homme, affection qui se manifeste par leur sensibilité à l'éloge ou au blâme, et qui les porte à nous rendre spontanément tous les services que leurs forces et le degré de leur intelligence leur permettent de nous rendre.

Ainsi le chien n'est pas seulement le commensal de son maître, mais un compagnon, un ami, qui (chose remarquable!) s'attache à son maître, non pas en raison des bienfaits qu'il reçoit de ce maître, mais en raison des services qu'il lui rend. Or c'est là du dévouement dans l'acception vraie de ce mot, dont on a tant abusé.

Ce que je viens de dire du chien prouve que je l'ai en trop haute estime pour vouloir porter atteinte à sa réputation si bien établie. Cependant je me sens tenté aujourd'hui de prendre à partie ses biographes et ses historiens, non pas parce qu'ils ont trop grossi la liste des qualités et des hauts faits de l'espèce canine, mais parce que, exclusifs comme tous les panégyristes, ils ont accordé au chien le monopole d'une foule de vertus auxquelles un pauvre volatile sans réputation faite, l'agami, peut à bon droit prétendre.

Oui, l'agami, dont vous n'avez peut-être jamais entendu parler, vous qui pourriez citer le nom de vingt chiens célèbres, est un oiseau que les naturalistes n'ont pas encore définitivement classé, il est vrai, mais qui ne le cède au chien ni pour les qualités affectives, ni pour les qualités intellectuelles.

Buffon, frappé des nombreux avantages qui résulteraient de l'introduction de l'agami dans nos basses-cours, témoignait déjà son étonnement de ce que l'on n'avait pas encore songé à multiplier cet oiseau en Europe. Il y a aujourd'hui plus d'un siècle que le grand naturaliste exprimait cet étonnement, et cependant les seuls agamis que je connaisse sont ceux du jardin des Plantes. Soyez donc protégé par Buffon, et recommandez-vous vous-même par un incontestable mérite, pour vous voir ainsi délaissé.

L'agami, qui tient de la grue par la longueur de ses pattes et la rapidité de sa course, du faisan par les reflets brillants et métalliques qui ornent le plumage de sa poitrine, de la poule par la conformation de son bec, l'exiguïté de ses ailes, et surtout par ses mœurs, est originaire de l'Amérique méridionale, et abonde dans les forêts de la Guyane.

Il est si naturellement porté à se rapprocher de l'homme, que les individus de son espèce pris adultes s'apprivoisent très promptement, et qu'une fois apprivoisés ils ne cherchent plus à retourner à la vie sauvage.

Ceux mêmes qui habitent les forêts sont peu farouches, et avant de songer à prendre la fuite ils donnent presque toujours au chasseur le temps de les ajuster tout à son aise. Aussi, de l'aveu des colons de Cayenne, la chasse à l'agami est-elle sans attrait, parce qu'elle n'offre d'autre difficulté que celle de rencontrer le gibier.

C'est dans les Guyanes française et hollandaise que l'on rencontre le plus communément l'agami à l'état de domesticité complète. Là, dans la plupart des habitations, il est chargé de la garde du logis et des cours ; ses cris annoncent l'approche d'un étranger, et ses redoutables coups de bec menacent les jambes de ceux qui voudraient franchir le seuil de la porte ou de la barrière avant l'arrivée d'une des personnes de la maison. Il s'acquitte de cette fonction délicate avec toute la sagacité du chien ; car, de même que celui-ci, il reconnaît les amis de la maison, et adoucit la sévérité de sa consigne, ou l'exécute dans toute sa rigueur, selon l'extérieur et la tenue des survenants.

Aussi attaché qu'intelligent et docile, l'agami recherche avec une avidité jalouse les caresses de son maître, et pousse souvent jusqu'à l'importunité le désir d'être agréable et de témoigner son affection.

Dans quelques habitations on préfère l'a-

gami au chien pour la garde des troupeaux,
par la raison qu'il égale le chien en vigilance
et en agilité, et qu'il ne peut pas, comme

Agami à dos blanc.

celui-ci lorsqu'il est irrité, blesser les bêtes
jeunes et faibles.

Mais la véritable place de l'agami est dans
la basse-cour. Là il remplit avec un zèle, une
patience et un tact merveilleux, un emploi
que lui seul est capable de remplir; en sorte
qu'il faut ou confier cet emploi à l'agami, ou
le laisser vacant.

Jusqu'à ces derniers temps on a pu, sans pousser l'incrédulité au delà des justes bornes, supposer un peu d'exagération dans les récits des voyageurs qui avaient consacré quelques pages de leurs relations à peindre les mœurs de l'agami. En effet, ce qu'ils disaient à son sujet était tellement nouveau, tellement extraordinaire, qu'on devait accueillir ce qu'ils racontaient d'un oiseau peu connu avec une défiance d'autant plus légitime, qu'il était difficile de concilier les qualités attribuées à l'agami (qualités faciles à constater, puisque cet oiseau est commun dans une colonie française) avec l'absence de toute tentative sérieuse de la part des sociétés savantes et du gouvernement en vue de doter la France d'un animal aussi intéressant.

Mais aujourd'hui, pour se convaincre que les voyageurs ont purement et simplement rendu justice à l'agami, il suffit d'aller passer une demi-heure dans l'enclos du jardin des Plantes réservé aux poules, aux canards, aux pintades, aux grues, aux demoiselles de Numidie et à quelques autres gros volatiles.

Là règne et gouverne un agami femelle qui, de par le droit de l'intelligence unie à la force, s'est constituée la reine de ce petit royaume. Rien n'est curieux comme de s'asseoir sur un banc et d'observer les faits et gestes de Sa Majesté emplumée, ou d'écouter le gardien de la ménagerie vous racontant comme quoi il se fie entièrement sur l'agami pour maintenir l'ordre dans l'enclos, c'est-à-dire pour élever et surveiller les jeunes, protéger les faibles, contenir les forts, et prévenir et terminer les querelles par une intervention redoutée des plus mutins.

Telles sont les fonctions dont s'acquitte l'agami du muséum, avec un égal succès dans leurs attributions diverses.

Son seul défaut, et ce défaut pourrait à la rigueur passer pour un excès de zèle, c'est de s'emparer de toutes les couvées qui éclosent dans l'étendue de son royaume, et de se charger exclusivement, au grand chagrin des mères dépossédées, du souci qu'exige l'éducation de ces nouvelles familles.

C'est là sans doute un criant abus d'autorité ; mais la sollicitude toute maternelle que déploie l'agami après une aussi méchante action et le bien-être des petits doivent nous porter à l'indulgence. Puis, qui sait si l'agami n'agit pas ainsi par désespoir de n'avoir point d'époux, et partant pas de famille ? Que son veuvage forcé nous rende indulgents, je le répète, pour la brutalité du procédé par lequel elle dépouille les autres mères.

Il faut voir l'agami entourée d'une fourmilière de poulets et de canetons, tantôt se promenant gravement au soleil, tantôt tenant à distance, au moyen de son long col, ceux de ses sujets, assez grands pour trouver leur vie, qui voudraient venir manger la pâture de choix destinée à l'enfance. Des miettes de pain, des graines, des salades, un peu de viande hachée menu, composent cette pâture que l'agami distribue à ses nourrissons, la plaçant toujours de préférence devant les plus jeunes, les plus souffreteux et les moins voraces.

Mais, en s'occupant des nouvelles générations, l'agami, du haut de ses hautes pattes, n'en est pas moins attentive à tout ce qui se passe dans les autres parties de son domaine. Elle connaît les querelleurs, les mauvais sujets, ceux qui ne laissent pas de plus faibles qu'eux manger le ver qu'ils ont déterré. A la première agression de ces tyranneaux, l'agami pousse un cri aigu, et si cette menace n'est ni écoutée ni comprise, en trois enjambées le maître atteint le coupable, et venge d'un coup de bec la morale outragée.

Il y a cinq à six ans, le gardien me montrait un gros coq blanc qui, un beau matin, s'était mis en révolte contre l'autorité légitime. Cette rébellion, que rien ne justifiait, avait coûté à l'insurgé la moitié de sa crête, les trois quarts de sa queue et tant de plumes, qu'on voyait en maints endroits sa chair rouge et nue. Le pauvre coq, triste et penaud, paraissait inconsolable de sa défaite, et passait sa vie tapi dans les coins les plus obscurs de l'enclos.

Si un chien ou un chat fait mine de vouloir pénétrer dans son territoire, l'agami s'élance vers eux d'un air si féroce, qu'ils battent en retraite sur-le-champ.

Quand vient la nuit, l'heure du repos pour les honnêtes animaux comme pour les honnêtes gens, l'agami ne se couche qu'après s'être assurée, par une ronde attentive, que tout son peuple est rentré. Alors elle se place sur le perchoir qu'elle a choisi, et où elle ne souffre pas qu'un autre se repose. De là elle continue à remplir son rôle, s'éveillant au plus léger bruit, et toujours prête, soit à maintenir la paix au dedans, soit à repousser l'ennemi du dehors.

Une des singularités de l'agami, c'est d'avoir deux cris bien distincts : l'un, aigre et discordant, qu'il lance en ouvrant le bec ; l'autre, grave et musical, qui se prolonge en se modulant, et qui paraît s'exhaler de dessous toutes les plumes du corps plutôt que passer par la gorge. Cette espèce de roucoulement annonce toujours chez l'agami la joie ou le bien-être.

J'ai dit en commençant que les savants n'avaient pas encore classé l'agami. Je viens de m'apercevoir que mon assertion est inexacte. Mais ce qui explique mon erreur, c'est que, sans parler de la Condamine, qui appelle l'agami l'oiseau-trompette ; de Linné, qui lui donne le nom de *psophia crepitans ;* du père Dutertre, qui en fait un faisan, Buffon l'avait placé dans les gallinacés, d'où Cuvier l'a tiré pour le faire entrer dans l'ordre des échassiers, où il est en ce moment et où il paraît devoir rester.

Je me réjouis pour la science de ce qu'elle a enfin trouvé la véritable place de l'agami dans le grand catalogue zoologique ; mais je me réjouirais bien davantage si j'apprenais demain qu'on vient d'envoyer chercher à Cayenne un troupeau d'agamis pour les propager dans nos basses-cours.

L'ORNITHORYNQUE

L'ornithorynque, auquel plusieurs naturalistes ajoutent toujours l'épithète de *paradoxal,* est un amphibie de la taille d'un lapin. Il habite exclusivement la Nouvelle-Hollande, vaste continent jeté au milieu de l'océan Pacifique, et dont la population végétale et animale, si féconde en espèces étranges, est

presque sans analogie avec la faune et la flore
du reste du monde.

L'ornithorynque se rapproche, par sa
conformation générale, de la taupe. Comme
celle-ci, il creuse avec une grande facilité des
galeries souterraines. Mais autant la taupe
s'éloigne du voisinage des eaux, autant l'ornithorynque s'écarte peu des bords des

Ornithorynque.

rivières et des lacs aux eaux tranquilles et
profondes.

L'ornithorynque, dont les mœurs sont es-
sentiellement aquatiques, établit toujours
l'orifice de son terrier au-dessous du niveau
de l'eau. Ce terrier est une espèce de boyau
long de cinq à six mètres terminé par une
impasse. L'animal, pour éviter que cette impasse soit inondée, a soin de diriger sa galerie
de bas en haut, jusqu'à ce qu'il soit parvenu
à une élévation que les plus grandes crues ne
puissent atteindre.

On comprend combien une habitation ainsi

disposée offre une retraite sûre à l'ornithorynque, puisque ni poisson ni quadrupède
ne sauraient y pénétrer, et que rien ne décèle
extérieurement à l'homme l'existence de cette
retraite. L'eau, en effet, occupe à peu près
un quart de la galerie jusqu'au point où cette
galerie commence à dépasser le niveau de la
rivière.

La grande difficulté de découvrir le terrier
de l'ornithorynque et de l'y forcer n'est pas
la seule cause de l'obscurité qui règne encore
sur l'histoire de cet animal. Sa défiance est
extrême ; robuste et agile, plongeant au
moindre bruit pour ne reparaître beaucoup
plus loin que pendant une seconde ou deux,
juste le temps de prendre une bouffée d'air,
l'ornithorynque fait le désespoir du chasseur,
même quand il ne se réfugie pas, au plus
léger indice du danger, dans son inaccessible
terrier. Il en résulte que le nombre d'individus dont on est parvenu à s'emparer sans
les blesser grièvement ou les tuer tout à fait
est extrêmement restreint, et non seulement
il a été impossible jusqu'ici d'en expédier de
de vivants en Europe, mais ceux-là même
qu'on a essayé de conserver dans leur patrie
sont morts avant d'avoir été suffisamment
observés par les naturalistes.

Cela est d'autant plus regrettable, que l'or-
ganisation intérieure de cet animal paraît

répondre à la bizarrerie de sa conformation extérieure. Ainsi la tête de l'ornithorynque, au lieu de se terminer par un museau comme chez tous les quadrupèdes, est orné d'un bec presque semblable à celui des canards. Une espèce de bourrelet membraneux enveloppe la base de ce bec à son point d'attache avec la tête. Une autre particularité de ce bec, c'est que la mandibule inférieuré, plus étroite que la mandibule supérieure, s'engage, en s'appliquant contre celle-ci, dans une rainure dont elle est pourvue. Il s'ensuit que le bec de l'ornithorynque est parfaitement clos, ce qui est indispensable pour un animal amphibie.

Cette conformation de la tête de l'ornithorynque lui donne un aspect si étrange, si insolite, qu'en le voyant on croit d'abord que le bec ne fait pas partie de l'animal, et que c'est quelque mauvais plaisant qui a affublé le bout de son museau d'une tête de canard.

BERNARD L'ERMITE

Ce petit animal, que les naturalistes ont rangé dans l'ordre des crustacés, et qu'ils désignent sous le nom de pagure, est assez commun sur le littoral de la Manche. Nos pêcheurs lui ont donné une foule de sobriquets, tous plus étranges les uns que les autres, et tous pris dans les singulières habitudes du pagure.

C'est dans les environs de Dieppe, où il est plus rare qu'à Grandville, que je vis pour la première fois un pagure vivant.

Je m'étais arrêté pour suivre des yeux quelques enfants qui s'amusaient à se faire poursuivre par les flots de la mer montante, s'engouffrant bruyamment entre les rocs dont la plage était hérissée. Comme elle était en outre basse et plate, la mer l'envahissait très rapidement.

Les marmots, dont l'aîné avait tout au plus une dizaine d'années, s'excitaient à grands cris à qui attendrait le plus longtemps chaque vague que l'Océan lançait en avant. Un de ces petits téméraires faisait preuve d'une audace qui m'effrayait pour lui. Fièrement campé dans l'intervalle de deux rochers séparés l'un de l'autre de cinq à six pas, il attendait là, pour se jeter derrière un de ces rochers, que des lames qui l'eussent balayé comme une paille ne fussent qu'à quelques mètres de lui.

Tout à coup j'entendis un de ses camarades, qui, moins disposé à narguer le terrible Océan, furetait sous les pierres et dans les fentes des rocs, s'écrier : « Un Bernard ! un Bernard ! » A ces mots tous accoururent vers lui, et je fis comme eux.

L'auteur de la trouvaille tenait avec précaution, du bout des doigts, un assez gros coquillage en forme de cornet. De l'orifice de ce cornet sortaient quatre pattes, deux formidables pinces, et deux palpes assez semblables à celles des écrevisses. Quant au corps auquel ces appendices appartenaient, il était complètement caché dans l'intérieur de la coquille. Je reconnus aussitôt le pagure de nos côtes.

« Chante donc la chanson pour le faire sortir de chez lui, » dit l'un des enfants à celui qui tenait le coquillage. La chanson fut chantée ; mais maître Bernard resta coi, agitant ses palpes, ouvrant et fermant ses serres, et paraissant bien décidé à ne pas se laisser arracher de son domicile.

« Attendez, dit l'intrépide affronteur de vagues, je vais bien le faire sortir, moi, puisqu'il ne s'occupe pas de ta chanson. »

Et, ramassant un petit éclat de bois, le drôle le présenta au pagure, qui le saisit avec sa pince. L'enfant imprima aussitôt une secousse au petit morceau de bois, et avant que Bernard l'Ermite l'eût lâché, il se vit arraché de son gîte et jeté à terre, tandis que la coquille restait dans la main de celui qui la tenait.

Le pauvre ermite, dépossédé de sa cellule, faisait la plus triste figure ; il rampait sur le sol d'un air effaré, cherchant à se fourrer à reculons dans les coquilles dont la terre était jonchée, quoique toutes fussent de beaucoup trop petites pour lui.

Je voulus saisir l'occasion d'examiner l'animal à mon aise, et pour deux sous j'en devins propriétaire.

Je posai la coquille de mon ermite à sa portée, il y entra. J'enveloppai l'hôte et la maison dans mon mouchoir, et je repris le chemin de Dieppe.

D'après ce qui précède, vous voyez que le pagure n'est pas fixé, comme l'huître, la moule, etc., au coquillage qu'il habite. Le pagure ne vient pas au monde avec une maison toute trouvée ; il est obligé d'en chercher une à sa taille et à sa convenance parmi les coquillages dont les possesseurs naturels sont morts depuis longtemps. Trouver un gîte est la première chose dont le pagure s'occupe en naissant ; mais cela lui est d'autant plus facile, que c'est toujours sur la plage couverte de coquillages que les animaux de son espèce déposent leurs œufs.

Dès que le pagure, après avoir essayé plus d'une coquille en cherchant à y entrer à reculons, en trouve une assez grande pour

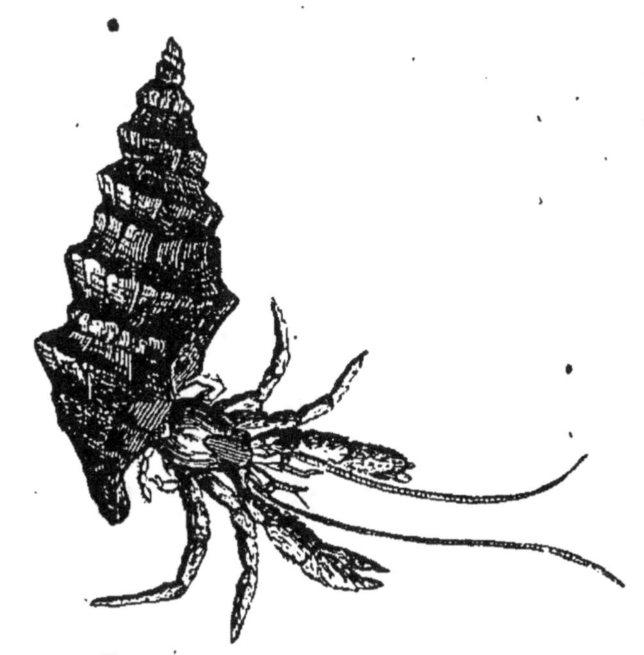

Pagure ou Bernard l'Ermite.

le contenir, assez légère pour la transporter avec lui sur la terre et dans l'eau, il ne craint plus aucun ennemi; car dans sa jeunesse il s'y cache tout entier, et quand il est devenu fort il n'expose en dehors que ses robustes tenailles, bien capables de tenir en respect tous les poissons qui en veulent à sa peau. Mais notre ermite grossit, et bientôt sa maison n'est plus tenable; il faut en choisir une plus spacieuse, et, pour se livrer à cette périlleuse recherche, il faut abandonner le coquillage qui l'a protégé jusque-là. Le pagure s'y décide enfin; il se transporte dans un canton où les coquillages abondent, et là déménage résolument. Malheureusement pour lui, la Providence ne lui a pas donné le coup d'œil juste, et au lieu de n'essayer d'entrer que dans les coquillages à peu près faits pour sa taille, le pauvre diable tente d'entrer à reculons dans toutes les coquilles qu'il rencontre, grandes ou petites. Il en résulte qu'il perd un temps infini, et que bien souvent il est croqué avant d'avoir découvert un gîte convenable.

Mais, me direz-vous, pourquoi le pagure, qui est un crustacé, a-t-il plus besoin de se loger dans un coquillage qui n'a pas été fait pour lui, que le homard, que la langouste, avec qui il a beaucoup de ressemblance?

Pourquoi? Je vais vous l'apprendre : parce que Bernard l'Ermite est possesseur d'un gros ventre flasque et mou, qu'aucune cuirasse ne revêt ni ne défend, gros ventre dont les poissons sont très friands, que les pêcheurs emploient comme appât; gros ventre incapable de résister, non pas seulement aux aspérités des rochers contre lesquels il est souvent jeté, mais même aux frottements des galets avec lesquels les vagues le roulent parfois sans façon. C'est pour protéger ce malheureux ventre que le pagure a besoin d'un abri.

N'est-ce pas quelque chose de merveilleux que la variété infinie des moyens que le Créateur de toutes choses a employés pour assurer la conservation des espèces sorties de ses mains? A l'huître, c'est une boîte à charnière dans laquelle elle brave les dents des poissons et les serres du crabe et du homard. Au pagure, l'instinct de se loger dans une forteresse d'emprunt, dont il bouche la porte avec les armes dont il est pourvu.

Les pêcheurs du Calvados et de la Manche ne dédaignent pas la chair du pagure; mais ils se servent surtout de son ventre pour appâter leurs hameçons.

La tribu des pagures est assez nombreuse. Outre celle de nos côtes, il y en a différentes espèces répandues dans les différentes mers. Il y en a même de tout à fait terrestres. Mais le caractère saillant de toute cette famille, c'est de rechercher un abri protecteur, et d'y vivre habituellement. Seulement la nature et la forme de cet abri varient suivant les espèces.

Le pagure de nos côtes, connu sous les noms de Bernard l'Ermite, de Soldat, de

Factionnaire, etc., passe sa vie à rôder autour des pierres et des rochers du rivage. Il est très vorace, et comme les crabes, dont il a les mœurs féroces, il recherche avidement les cadavres des animaux terrestres que la mer engloutit dans son vaste sein.

LES CYNOMIS

Le cynomis, que l'on appelle aussi très improprement *chien de prairies*, appartient à la famille des marmottes. Sa taille est celle du lapin ; mais sa conformation, sa vivacité et la couleur rougeâtre de son pelage le rapprochent de l'écureuil. C'est dans l'immense territoire qui, à partir du Mexique, s'étend bien au delà du Mississipi du côté du nord et de l'est, que l'on rencontre le plus souvent les villages habités par les cynomis. Ces villages se composent de plusieurs centaines de demeures souterraines dont l'existence se trahit à la surface du sol par de petits cônes tronqués. La base de ces monticules a de cinquante à soixante centimètres de diamètre, et leur saillie ou élévation est de trente à quarante centimètres. C'est tantôt sur l'un des flancs, tantôt au sommet du cône qui se trouve l'orifice du terrier. Le couloir qui conduit à la logette proprement dite descend d'abord perpendiculairement à près d'un mètre de profondeur ; là il forme un coude, se prolonge obliquement en pente douce, et se termine par une cellule arrondie et proprement tapissée par un revêtement d'herbes sèches si fortement tressées, qu'elles forment un véritable paillasson qu'on pourrait rouler et emporter.

Afin d'éclairer sa maison, le cynomis ménage une petite ouverture pour livrer passage à une canne, qui part du sommet de la voûte de la cellule et traverse la couche de terre qui la sépare de la lumière du jour. C'est donc une espèce d'œil-de-bœuf en miniature, toujours soigneusement entretenu et débarrassé des herbes et des feuilles qui, poussées par le vent ou entraînées par les pluies, pourraient le couvrir ou l'obstruer. On n'a pas encore pu s'expliquer comment le cynomis, avec le seul secours de son museau et de ses pattes, pouvait percer un conduit aussi étroit.

Tous ces monticules qui indiquent l'entrée d'un terrier ne sont pas éparpillés sans ordre dans la plaine ; ils sont, au contraire, rangés en plusieurs lignes parallèles, et régulièrement espacés en tous sens. Chaque cellule est habitée par une famille.

Avec les cynomis vivent très souvent des oiseaux nommés hiboux à clapier, qui entrent familièrement dans leurs cellules, et s'établissent pour pondre dans les demeures que les cynomis ont abandonnées. La meilleure intelligence semble régner entre ces animaux d'espèces si différentes, et on ne les rencontre qu'accidentellement les uns sans les autres, quand ils habitent les mêmes contrées ; car le hibou à clapier est répandu dans des îles et des parties du continent où le cynomis est inconnu.

Ce hibou forme d'ailleurs une espèce à part dans la tribu des hiboux, parmi lesquels les naturalistes ont cru devoir le classer. En effet, au lieu de se retirer dans les vieilles masures, de ne sortir de son trou que la nuit et de voler pesamment, le gai compagnon du cynomis est un charmant oiseau, aux allures vives et pétulantes, qui aime à prendre ses ébats aux rayons du soleil.

Le cynomis, comme toutes les marmottes, passe l'hiver dans un engourdissement complet. Aux premiers froids, il bouche l'entrée de son terrier, ferme sa fenêtre, s'étend sur le lit moelleux qu'il s'est préparé, et s'endort pour ne se réveiller qu'avec les beaux jours. Grâce à cette précieuse faculté, il ne connaît ni la bise glaciale, ni les longues pluies, ni le jeûne forcé, cet ensemble de maux, de privations, de dangers auxquels sont exposés pendant l'hiver les pauvres animaux qui ne peuvent pas remplacer un repas par la plus longue sieste sans se réveiller plus affamés qu'auparavant.

Pour vous donner une idée des habitudes des cynomis, je vais laisser parler un voyageur américain qui a récemment parcouru (en 1848) le Nouveau-Mexique, et qui du reste n'a rien dit sur les cynomis qui n'eût été raconté avant lui par d'autres voyageurs; mais le passage est assez original pour être cité.

« En arrivant, dit M. Greg, près d'un de leurs villages, on voit ces chiens errants dans les rues, s'en allant en société d'une demeure à l'autre, quelques-uns broutant l'herbe fraîche, d'autres réunis sur la place publique comme pour tenir conseil, d'autres rêvant comme des philosophes sur le seuil de leur habitation. Mais dès que l'un d'eux aperçoit une caravane, il donne par des glapissements aigus le signal du danger, et toute la colonie se précipite aussitôt dans ses réduits souterrains, qui s'étendent si loin, qu'on ne peut y pénétrer. »

Washington Irving, dans *un Tour dans les prairies*, consacre aussi plusieurs pages aux cynomis. J'y prendrai quelques traits pour achever ce tableau.

« On les voit toujours occupés, soit de leurs jeux, soit de leurs affaires publiques et privées... Quelquefois ils passent la moitié de la nuit à gambader, à se divertir... Quand ils sont surpris et qu'ils n'ont aucun moyen d'échapper, ils prennent un air d'audace et une expression tout à fait comique de défi et de colère impuissante.

« Tout ce que je savais déjà de ces singulières communautés me fit approcher du village avec un vif intérêt. Malheureusement, dans le courant de la journée, il avait été visité par quelques-uns de mes compagnons, qui avaient tué deux ou trois cynomis. Toute la communauté avait donc été outragée et irritée. Des sentinelles avaient été placées sur la limite du village. A notre approche, nous les vîmes décamper pour donner l'alarme, et aussitôt les citoyens qui se tenaient assis à l'entrée de leurs demeures s'enfuirent, après un court glapissement, dans la terre, agitant leurs pattes de derrière comme s'ils faisaient le saut périlleux. Je traversai tout le village, qui couvrait un espace de près de douze hectares. Pas un seul habitant ne s'y montrait. Nous enfonçâmes nos fusils dans l'entrée de plusieurs terriers, mais inutilement; aucun cynomis ne sortit.

« Nous prîmes le parti de nous retirer doucement, et, nous étant couchés à quelque distance des terriers, nous restâmes assez longtemps immobiles et en silence, dans l'espoir de voir quelques-uns de ces animaux.

« Par degré nous aperçûmes de vieux citoyens passer le bout du nez hors de leurs trous, puis disparaître en un clin d'œil. D'autres plus éloignés sortaient tout à fait; mais à peine avaient-ils remarqué notre présence, qu'ils faisaient leur cabriole ordinaire et plongeaient dans leur terrier.

« A la fin, les habitants du côté opposé du village, encouragés par la tranquillité continue qui régnait autour d'eux, non seulement sortirent tout à fait, mais se hasardèrent à courir à d'autres trous situés à une assez grande distance, comme s'ils allaient chez un parent ou un compère pour se faire mutuellement part de leurs observations sur les derniers événements. Quelques-uns, encore plus hardis, se mirent à former de petits groupes dans les rues et sur les places publiques, causant sans doute des outrages récents faits à la république, du meurtre barbare de leurs concitoyens.

« Nous nous levâmes, et nous voulûmes nous approcher doucement pour les observer de plus près; mais le glapissement ordinaire fut répété sur toute la ligne, et la fuite devint générale. Nous ne vîmes de tous côtés que pattes s'agitant en l'air, et en un instant la population disparut sous terre. »

Je n'ajouterai rien à ces détails, fournis par un témoin oculaire. Ils montrent jusqu'à quel point est poussé l'instinct d'association chez cette intéressante tribu de la famille des marmottes. Les mœurs douces et inoffensives de ces petits animaux, qui vivent en paix entre eux et ne cherchent querelle à aucun voisin, pourraient, ainsi qu'on l'a déjà remarqué avant moi, servir de modèle à plus d'une république humaine.

LES

DEMOISELLES DE NUMIDIE

La *demoiselle de Numidie* est une espèce de grue, la plus belle de toute cette famille. Sa taille est élevée, son corsage svelte et élégant ; une blanche aigrette, qu'elle secoue avec grâce, surmonte son front et lui sert de parure.

Rien qu'à voir cet oiseau, on devine ses instincts frivoles. Ce n'est là ni la tournure ni la livrée d'une bonne mère de famille et d'une ménagère industrieuse et rangée, mais bien les allures d'une coquette qui préfère le bal aux tracas du ménage. N'est-ce pas quelque chose de singulier que de trouver

Demoiselle de Numidie.

chez un oiseau des goûts de ce qu'on est convenu d'appeler une femme du monde?

Les demoiselles de Numidie sont très communes dans les vastes plaines de la Russie septentrionale, plaines incultes connues sous le nom de steppes. Elles y paraissent ordinairement dans la première quinzaine du mois de mars, par troupes, par vols, pour employer le mot propre, de deux à trois cents individus.

Au lieu de se disperser, comme la plupart des oiseaux de passage, aussitôt qu'ils sont arrivés au terme de leur voyage, les demoiselles de Numidie qui composent une bande continuent à rester réunies jusqu'au moment de la ponte ; elles passent ainsi une quinzaine de jours à se divertir. Cela se comprend encore, car il est assez naturel que les habitudes prises pendant le voyage ne se rompent pas du jour au lendemain. Mais ce qui est tout à fait surprenant, c'est que les demoiselles de Numidie, après s'être accouplées et séparées pour vivre en ménage, se réunissent encore assez fréquemment pour se livrer à leurs amusements favoris, la course et la danse.

C'est ordinairement par une belle soirée d'été, sur les bords unis d'un ruisseau, que les demoiselles de Numidie prennent leurs ébats. Rangées en ligne et se faisant face, elles avancent les unes vers les autres en sautant et en se dandinant de mille manières. C'est un véritable bal, où chaque danseuse déploie plus ou moins ses ailes, balance son cou, joue avec son aigrette comme une petite-maîtresse avec son éventail. Tous les voyageurs qui ont été assez heureux pour assister de loin à ces parades, s'accordent à dire qu'on ne peut rien imaginer de plus burlesque que les mines dont les demoiselles de Numidie accompagnent leurs *avant-deux* et leurs *chassé-croisé*.

Pendant qu'une partie de l'assemblée danse et grimace, l'autre partie se donne l'agrément d'une course en règle. Les jouteurs partent à toutes jambes, je devrais dire à toutes pattes, vers un but déterminé. Une fois ce but atteint, ils reviennent gravement sur leurs pas vers les spectateurs qui les attendent, et les saluent par leurs pantomimes et leurs cris.

La nuit venant, les jeux cessent. La soirée se termine par quelques grands cercles que l'assistance tout entière décrit dans les airs en volant; puis chaque couple reprend le chemin de son domicile.

Nous avons vu les pélicans s'associer pour un but d'utilité; mais autant les associations de ce genre sont fréquentes chez les animaux, autant les réunions dans un but de plaisir ont été rarement observées, et je ne crois pas qu'on puisse en trouver un exemple plus singulier que celui que nous fournissent les habitudes de la demoiselle de Numidie.

.LA
MOUFETTE AMÉRICAINE

Il n'est pas sans intérêt de remarquer combien il règne de variété dans les moyens de défense que la divine providence accorde aux animaux pour se soustraire ou résister aux attaques de leurs ennemis. C'est chez les insectes, .chez les animaux les plus faibles, que l'on rencontre le plus fréquemment des armes défensives de mille .formes différentes, et dont quelques-unes attestent l'inépuisable fécondité de l'esprit créateur.

Sans parler des armures de toutes pièces, des boucliers, des cuirasses, des piquants, de l'instinct fouisseur, de la vitesse, qui constituent les moyens de conservation le plus ordinairement départis aux animaux, il est d'autres moyens qui n'ont été donnés qu'à un petit nombre d'espèces, et qui par leur singularité méritent une attention toute particulière.

La moufette américaine est un joli petit quadrupède qui tient à la fois de l'écureuil et de la fouine. Sa queue est longue et fournie; son pelage, noir et soyeux, est traversé de bandes blanches ; son œil est vif, son caractère sociable et inoffensif; elle s'apprivoise aisément, et remplirait à merveille dans nos habitations les fonctions dévolues au chat domestique, sans un inconvénient dont je parlerai tout à l'heure.

La moufette, quoique les chiens la chassent avec fureur, quoique l'homme convoite sa belle fourrure, quoiqu'elle n'ait pour arme agressive qu'une gueule redoutable seulement pour les petits oiseaux endormis, vit au milieu des forêts dans une sécurité parfaite, parce qu'elle peut, à volonté, empester l'air autour d'elle de manière à mettre aussitôt en fuite bêtes et gens qui veulent lui chercher noise.

Pour cela il lui suffit de lancer quelques gouttes d'une liqueur contenue dans deux glandes, deux petites vessies, situées près de la naissance de la queue. Cette liqueur est d'une odeur si fétide, si pénétrante, si tenace, que, d'après le témoignage d'auteurs très dignes de foi, les effets en semblent fabuleux.

J'en citerai deux exemples.

Le célèbre naturaliste Audubon voyageait dans l'Amérique septentrionale avec un de ses amis. Celui-ci, ayant aperçu une moufette, la prit pour un écureuil, et s'en saisit sans difficulté.

Audubon l'avertit de sa méprise; mais il était trop tard pour l'imprudent: la moufette s'était vengée en déchargeant son abominable liquide sur les mains et les habits de son agresseur, qui, à demi suffoqué, se hâta de lancer au loin le puant animal.

Le mal était fait. Toute sa personne était infectée, et, malgré les bains et les fumigations qu'il employa, il conserva longtemps un parfum qui n'avait rien d'agréable et que la chaleur rendait plus intense.

Quant à la place où l'accident avait eu lieu, les chevaux de nos voyageurs refusèrent de la traverser, et il fallut prendre un détour pour passer outre.

Pas n'est besoin d'ajouter que les habits de l'ami d'Audubon étaient tellement imprégnés de l'horrible odeur, qu'après avoir inutilement essayé sur eux tous les moyens de désinfection imaginables, leur propriétaire dut se résoudre à les sacrifier.

Audubon, en rapportant ce fait, remarque qu'il eut lieu dans l'hiver, époque pendant laquelle la liqueur de la moufette est beaucoup moins active ; il laisse à penser ce qu'il serait arrivé à son compagnon s'il avait eu affaire à la moufette au milieu de l'été.

Voici un autre exemple :

Une fermière des États-Unis était occupée à ranger diverses provisions dans un cellier, quand elle découvrit une moufette qui s'y était introduite. Saisissant aussitôt un bâton qui se trouvait à sa portée, elle assomma l'animal sur place. Soit que la moufette eût eu le temps de recourir à son unique moyen de défense, soit que le bâton, en lui brisant l'échine, eût crevé les vésicules contenant la funeste liqueur, son odeur caractéristique envahit le cellier avec tant de rapidité et d'intensité, que la fermière, prise de vertiges, n'eut que la force de sortir du cellier, perdit connaissance et fut pendant quelques jours gravement indisposée.

Mais là ne se bornèrent pas les conséquences des abominables exhalaisons : les provisions de toute espèce déposées dans le cellier s'en imprégnèrent, aucune n'y échappa, ni celles que contenaient les futailles, ni celles qui se trouvaient dans des terrines et des sacs ; il fut impossible de les faire servir même à la nourriture des animaux, et il fallut se résoudre à les enfouir dans la terre. Plusieurs années après l'accident, le cellier conservait encore une vague odeur de moufette, qui s'exhalait dans les jours de chaleur.

Une particularité assez remarquable, c'est que la liqueur des moufettes transportées en Europe perd peu à peu son énergie, et finirait probablement par s'affaiblir tout à fait au bout de trois ou quatre générations.

Quelques fermiers américains ont essayé de priver les jeunes moufettes des glandes qui sécrètent la liqueur fétide. Cette opération est, à ce qu'il paraît, assez facile à exécuter et n'offre aucun danger pour la vie de l'animal. Dans cet état la moufette remplace avec avantage le chat domestique, parce que, tout en faisant une rude guerre aux souris, elle n'est pas traître ni sournoise comme le chat, ne s'écarte pas comme lui de la maison, et joint enfin à la beauté du pelage des mœurs douces et complètement inoffensives.

DE
L'INSTINCT ET DE L'INTELLIGENCE

CHEZ QUELQUES INSECTES

Il faut bien se garder de confondre chez les animaux, comme on le fait trop souvent, l'instinct avec l'intelligence. La différence est très importante à établir. L'instinct constitue le lot des espèces, et l'intelligence appartient à l'individu. Ainsi, tout ce qu'un animal fait par instinct, tous les animaux de son espèce le font comme lui, de la même manière que lui, dans les mêmes circonstances que lui. Quand, par exemple, un lapin creuse son terrier, quand un oiseau fait son nid, quand un chat enterre et cache ses ordures, on ne peut pas dire que ces trois animaux, en agissant ainsi, fassent preuve d'intelligence.

Non, tous les trois obéissent purement et simplement à l'instinct dont la Providence a doué leur espèce. Ils agissent machinalement, puisque ce lapin, cet oiseau, ce chat ne font absolument que ce que font, depuis le commencement du monde, tous les chats, tous les lapins, tous les oiseaux qui ont peuplé la terre.

Les actes d'intelligence que l'on observe chez les animaux ont un tout autre caractère. On les reconnaît à ce que, « au lieu de se rapporter à la vie ordinaire de l'animal, comme les actes d'instinct, ils se rapportent aux circonstances particulières où l'individu se trouve accidentellement placé, et dans lesquelles il se comporte comme le pourrait faire une personne raisonnable. » (STRAUSS.)

Une remarque qui a été faite, c'est que ce sont ordinairement les animaux qui font par instinct les choses les plus compliquées et les plus surprenantes, chez lesquels on rencontre le moins souvent des preuves d'intelligence ; il semblerait que le Créateur ait toujours eu soin de développer d'autant plus l'intelligence des individus composant une espèce, que l'instinct de cette espèce était borné, et par contre de développer d'autant plus l'instinct d'une espèce, qu'il avait parcimonieusement dispensé l'intelligence aux individus.

Maintenant que j'ai tâché d'établir et de vous expliquer la différence qui existe, et qu'il ne faut jamais perdre de vue, entre l'instinct et l'intelligence des animaux, je vais vous prouver par des faits que, parmi ces pauvres petits insectes que vous écrasez sans pitié sous vos pieds, il en est plus d'un qui, comme on dit, a plus d'intelligence qu'il n'est gros.

Voici ce que raconte M. Strauss, savant naturaliste dont la parole ne peut être révoquée en doute.

Ayant un jour trouvé un nid de bourdons caché sous terre, il l'enleva, le plaça dans une boîte fermée, et revint chez lui avec la boîte, qu'il déposa sur le balcon de sa fenêtre. Le lendemain il ouvrit la boîte, et donna ainsi la liberté aux bourdons qui avaient été transportés avec leur nid.

Les bourdons, en se retrouvant au grand jour, commencèrent par donner des signes manifestes d'étonnement. Ils avaient l'air de chercher à s'expliquer comment ils se trouvaient avec leur nid dans un lieu si différent de celui où ils étaient la veille. Ils rentraient, sortaient, dit M. Strauss, comme pour s'assurer du changement. Prenant ensuite leur essor, ils volaient autour de leur nouvelle habitation, la tête toujours dirigée vers elle pour ne point la perdre de vue. Ils ne s'é-

loignèrent d'abord que de quelques pouces ;
mais peu à peu, quand ils eurent bien remarqué tous les objets environnants, ils
commencèrent à s'écarter encore, jusqu'à ce
que, certains de bien retrouver leur nid, ils
osèrent s'élancer dans la campagne, d'où ils
revinrent tous au bout d'une demi-heure avec
leurs provisions habituelles.

Un autre naturaliste digne de foi, M. Clairville, dans une de ses promenades, s'arrêta
pour observer un insecte qui était occupé à
enterrer le cadavre d'un mulot dans le corps
duquel il avait pondu ses œufs. Cette action
n'avait rien d'extraordinaire, puisque tous
les insectes de l'espèce de celui qu'observait
M. Clairville, les nécrophores, ont l'habitude
d'agir ainsi.

Mais voici où commence le curieux de
l'histoire. Après avoir bien gratté la terre, le
nécrophore dont il est question reconnut
qu'il n'y avait pas moyen d'enterrer son mulot à la place où il se trouvait, parce qu'en
cet endroit-là le sol était trop battu et trop
dur. M. Clairville vit son insecte prendre
bravement son parti, et aller à un pas de là
creuser la fosse de son mulot dans un terrain
beaucoup plus mou, et par conséquent beaucoup plus facile à remuer.

Cette opération terminée, le nécrophore
vint chercher son cadavre pour le porter dans

la fosse préparée. Mais l'insecte n'avait pas songé, à ce qu'il paraît, au poids du mulot, poids tellement au-dessus de ses forces, qu'après s'y être pris de cent manières pour le pousser ou le traîner vers la fosse, il ne put réussir même à l'ébranler.

Le voilà bien attrapé, le petit croque-mort! pensa M. Clairville. Comment va-t-il se tirer de là?

Il s'en tira cependant, et voici de quelle façon.

Il n'eût pas plus tôt acquis la conviction qu'il perdait son temps, qu'il prit son vol et disparut au loin.

Le savant crut que l'insecte avait renoncé à son projet, et il allait continuer sa promenade, lorsqu'à son profond étonnement il vit le nécrophore reparaître avec trois de ses camarades de son espèce, auxquels il était probablement allé raconter son aventure, et qui avaient consenti à l'accompagner pour lui prêter main-forte.

Ils se mirent, en effet, tous les quatre à l'ouvrage, et transportèrent le mulot dans la fosse préparée.

Un homme, en pareille circonstance, eût-il agi autrement que ce nécrophore? Comment put-il faire comprendre son embarras à ses camarades, et, quand ceux-ci furent sur les lieux, leur indiquer son projet?

Voici un troisième fait plus extraordinaire encore à mon sens, et qui se trouve rapporté dans l'introduction du grand Traité entomologique de MM. Kerby et Spence.

Il faut que vous sachiez d'abord qu'il existe une espèce de scarabée qui a l'habitude de pétrir et d'arrondir les boulettes de fumier dans lesquelles il loge ses œufs.

Quand il a confectionné une boulette, il l'enterre absolument comme le nécrophore enterre ses cadavres.

Un jour, un des naturalistes que je viens de citer aperçut un scarabée, et prit plaisir à observer ses manœuvres.

Ce scarabée, pour raffermir une boulette qu'il venait d'achever, la faisait rouler en tous sens. Voilà que la boulette, rencontrant une pente, se met à la descendre et finit par tomber dans un trou. Ce trou, pour un scarabée, était un véritable abîme.

Cependant l'insecte y descendit, et essaya d'en retirer sa boulette.

Ne pouvant y réussir, parce que les parois de la cavité étaient presque perpendiculaires, il fit comme le nécrophore.

Se dirigeant droit vers un fumier voisin où il était certain de trouver des camarades, il en mit quatre en réquisition, et les amena au trou.

Alors les nouveaux venus, réunissant leurs

efforts aux siens, remontèrent la boulette, et, ce service rendu à leur camarade, ils se hâtèrent de retourner à leur ouvrage, c'est-à-dire à la confection de leurs boulettes.

Que conclure de ces trois faits, attestés par des hommes si haut placés dans le monde scientifique? D'abord que la bonté divine éclate jusque dans les plus humbles créatures, et que toutes ces créatures reflètent, quoique inégalement, quelques rayons de cet immense foyer d'intelligence qui est Dieu.

Ensuite que l'étude des œuvres de Dieu est une magnifique prière, puisqu'on n'y peut faire une découverte, une observation nouvelle, sans trouver une preuve de plus de la bonté et de la sagesse du Créateur, et sans qu'on se sente le cœur ému, l'âme transportée en présence d'une bonté inépuisable s'alliant toujours à une puissance infinie.

LE LEMMING

Le lemming est un joli petit quadrupède de la famille des rats, quoique son pelage jaune, tacheté de noir, sa queue épaisse et bien fournie de poils, lui donnent une physionomie toute différente de celle des hôtes incommodes qui s'installent malgré nous dans nos maisons et y vivent à nos dépens.

C'est la chaîne de montagnes qui s'étend entre la Suède et la Norwège que l'on doit considérer comme la véritable patrie du lemming, quoiqu'on rencontre accidentellement des bandes de ces animaux jusque sur le rivage de la mer du Nord et du golfe de Bothnie. Quand ils s'écartent aussi loin de leur pays, ce n'est ni par goût ni par esprit de changement, mais parce qu'ils sont tellement multipliés dans leur patrie, qu'elle devient incapable de les nourrir, et qu'il leur faut nécessairement, ou mourir de faim, ou sé résoudre à chercher pâture ailleurs.

De là ces migrations de lemmings, migrations qui n'ont rien de régulier dans les époques, rien de périodique, et qui dépendent uniquement du chiffre total de la population comparé à la masse des subsistances. Du reste, et c'est là surtout ce qui mérite d'être remarqué, ces migrations ne sont que des excursions en pays ennemi, entreprises sans aucun but de fonder ailleurs des colonies, puisque tous les individus qui échappent aux innombrables dangers du voyage reviennent en troupes à leurs montagnes.

C'est à l'intermittence de ces migrations qu'il faut attribuer les contradictions que l'on remarque dans les récits des voyageurs et les fables qu'on a longtemps débitées sur les lemmings. Ainsi tel voyageur qui a pu faire quatre voyages en Laponie, et parcourir en tous sens le plateau lapon sans apercevoir l'ombre d'un lemming, a dû nécessairement se gendarmer fort contre ses prédécesseurs qui signalaient des bandes de lemmings là où il n'en rencontrait pas trace. D'un autre côté, les habitants qui, après avoir passé plusieurs années sans être visités par les lemmings, en voyaient tout à coup, un beau matin, leurs champs inondés, s'imaginèrent que les lemmings tombaient du ciel, et cette croyance, presque générale encore vers le XVIe siècle, avait donné une certaine célébrité au lemming.

Toutes les personnes qui ont eu l'occasion d'être témoin d'un *passage* de lemmings s'accordent à dire que c'est bien le spectacle le plus étrange et le plus curieux.

Figurez-vous un immense tapis de lemmings qui ondule avec le terrain qu'il recouvre à perte de vue, et glisse rapidement sur le sol. Il s'avance carrément, en ligne droite. Rien ne peut ni le détourner ni l'arrêter. Maisons, fleuves, étangs, lacs, bateaux qui s'y trouvent, disparaissent sous ce tapis vivant, qui les couvre pendant son passage. C'est la marche d'une avalanche, moins le dégât, car celui qu'occasionnent les lemmings se borne à la fauchaison des champs qui se rencontrent sur leur route, champs où, à la vérité, il ne reste pas un brin d'herbe.

Ainsi s'avance cette légion, escortée par des ours, des loups, des renards, des martres, des zibelines, qui en font un affreux carnage, et décimée en outre par une foule d'accidents, parmi lesquels la noyade joue le principal rôle.

Après une pérégrination qui dure plus ou moins longtemps, selon les chances du voyage, les lemmings reprennent le chemin du pays. Mais alors leur passage est à peine remarqué; car ce n'est plus une armée formidable par son effectif, mais une petite bande de braves dont le nombre diminue chaque jour, et dont bien peu reverront leurs montagnes.

Toutefois, grâce à la fécondité de l'espèce, il ne faut que quelques années pour repeupler le pays et pour rendre une nouvelle émigration indispensable.

A part les émigrations, qui méritent d'être signalées, le lemming possède au plus haut degré une qualité qui manque ordinairement aux animaux dont les végétaux constituent exclusivement la nourriture : je veux parler du courage. Or il n'est peut-être pas un seul quadrupède qui se montre, en toute occasion, aussi brave, aussi vaillant que le lemming.

Quelle que soit la haute taille, la vigueur de l'ennemi qui l'attaque, il l'attend de pied ferme, combat et meurt, mais ne recule pas.

C'est, il faut en convenir, du courage poussé jusqu'à la plus folle témérité, quand un pauvre petit lemming essaye de résister à un ours, à un renard, à un homme; mais cette folie est l'exagération d'une qualité qu'on admire malgré soi jusque dans ses derniers excès.

LES MORSES

Les morses appartiennent à la grande famille des phoques, qui se distinguent entre tous les animaux par la douceur de leur caractère et une grande timidité. Ils s'apprivoisent avec facilité, reconnaissent leur maître et s'attachent à lui au point qu'il semble hors de doute que si les habitudes aquatiques de ces animaux n'apportaient un grand obstacle à la domestication telle qu'elle est encore pratiquée parmi nous, les phoques s'y prêteraient sans difficulté.

Le morse, dont je veux vous entretenir aujourd'hui, habite les mers du nord de l'Europe, de l'Asie et de l'Amérique, et on le rencontre jusque sur les glaces éternelles du pôle. L'espèce, fort nombreuse autréfois, diminue rapidement de jour en jour, depuis que les pêcheurs européens fréquentent ces parages, où ils font grande boucherie de ces animaux, qu'ils tuent sans aucun danger.

Le morse, en effet, se traîne si péniblement et si lentement quand il est hors de l'eau, que, malgré sa force et ses longues défenses, on l'assomme à coups de bâton, comme on assommerait un bœuf qui aurait les jambes rompues. Pour s'en rendre maître il suffit de le surprendre à quelques mètres de la mer.

Mais autant son allure à terre ressemble aux soubresauts d'un poisson jeté sur l'herbe, moins la hauteur et la vivacité des bonds, autant il nage, plonge, se tourne et se retourne avec rapidité quand il est dans l'eau.

La position et la direction des longues dents du morse prouvent surabondamment qu'elles ne lui ont été données ni pour l'attaque ni pour la défense, mais pour labourer le fond de la mer et en détacher les mollusques et les herbes dont il fait sa principale nourriture.

Ces dents, qui, plantées dans la mâchoire supérieure, dépassent la mâchoire inférieure et saillissent en dessous de celle-ci de quinze à vingt centimètres, servent encore au morse lorsqu'il cherche à s'accrocher aux glaçons fixes ou flottants sur lesquels il veut grimper pour se reposer ou dormir.

Ce sont ces dents qui, connues dans le commerce sous le nom de dents de vache marine, fournissent une espèce d'ivoire plus recherchée et par conséquent plus chère que l'ivoire ordinaire provenant des défenses de l'éléphant, parce qu'elle est moins sujette à jaunir et à s'altérer. Les dentistes l'emploient de préférence pour imiter les dents naturelles.

La chair du morse, traitée comme celle des baleines, donne une huile possédant à peu près les mêmes qualités et ayant le même emploi. Un morse fournit en moyenne une demi-tonne d'huile, et ses dents représentent à peu près une valeur égale.

Les morses vivent habituellement en troupes. Ces troupes, anciennement fort nombreuses, se composent rarement aujourd'hui de plus d'une vingtaine d'individus, du moins dans les parages fréquentés par les pêcheurs, qui se plaignent que la chasse au morse devient de plus en plus ingrate. Il paraît certain, en effet, que les morses, devenus très méfiants, ne se laissent pas approcher et se tiennent tout à fait au bord des rochers et des glaçons, où ils

se posent de manière à pouvoir se jeter à
l'eau à la première alerte. Les temps sont
passés où ces animaux, amoncelés par centaines sur une grève, écarquillant leurs
grands yeux ronds, regardaient avec un étonnement mêlé de curiosité s'approcher une
chaloupe, et ne songeaient à fuir que lors-
que toute fuite était impossible. Aujour-
d'hui on dirait qu'ils n'osent plus dormir
que d'un œil; leur caractère même s'est
aigri, et l'on a déjà plusieurs exemples de
canots attaqués avec fureur par un troupeau
de morses.

C'est surtout quand les mères nourrissent
leurs petits qu'elles déploient un courage et
une résolution dont on ne croyait pas ces
animaux capables.

Parmi les nombreuses relations où il est
question des morses, je choisirai le récit
suivant, où le capitaine anglais Buchanan
raconte comment une de ses embarcations
faillit un jour être coulée à fond par une
bande de morses.

« C'est, dit-il, sur la côte occidentale du
Spitzberg (la moins fréquentée par les na-
vires) que les morses se trouvent en plus
grande quantité. Par un beau temps, nous
en vîmes souvent réunis par centaines sur
un banc de glaces. Avant de s'endormir ils
prennent toujours la précaution de se faire

garder par une sentinelle. J'ai, en toute occasion, quel que fût le nombre de la· bande, remarqué cette circonstance, et aperçu le gardien qui, la tête dressée, tournait ses regards à droite et à gauche pour observer ce qui se passait. A la moindre apparence du danger, la sentinelle se jette à l'eau; or, comme tous ces animaux se touchent, le mouvement de l'un se communique à l'autre, et en un clin d'œil toute la masse s'ébranle et rampe péniblement vers la mer. Rien n'est grotesque comme cette débandade quand le troupeau est nombreux, car les morses se gênent mutuellement, et, comme empêtrés l'un dans l'autre, tombent dans l'eau sur le dos, sur le ventre, la tête la première, et quelquefois en faisant les plus drôles de culbutes qui se puissent imaginer.

« Un soir, deux troupeaux de morses attirèrent notre attention. Aussitôt nous équipâmes un canot et nous nous mîmes à leur poursuite. Le premier de ces troupeaux s'enfuit avant que nous eussions pu l'atteindre. Quant au second, il ne recula pas, et nous offrit, pour ainsi dire, le combat. Au premier coup de fusil, les morses s'élancèrent vers nous en ronflant, saisirent les bords de notre bateau avec leurs défenses et le frappèrent avec leurs têtes. Dans cette

attaque imprévue ils étaient dirigés par un
morse plus grand et plus furieux que tous

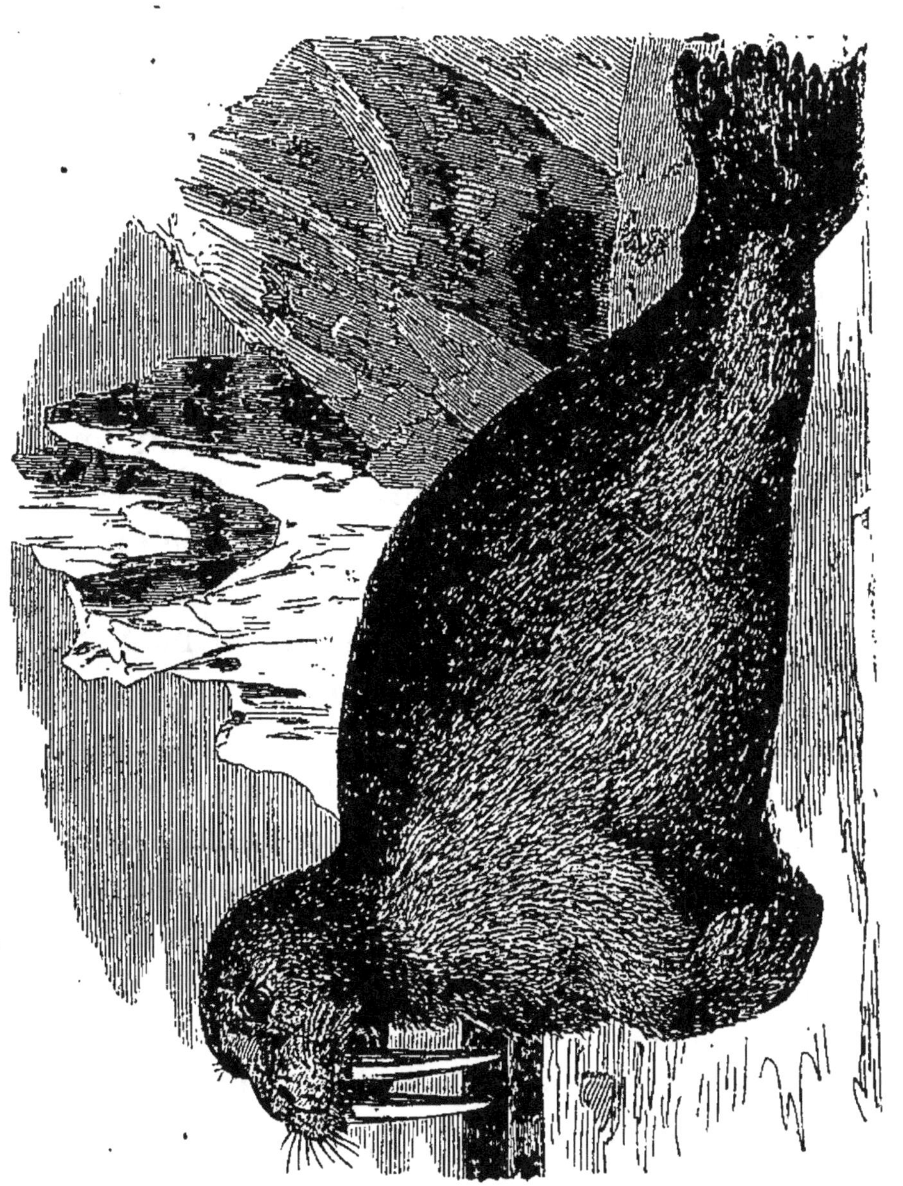

Le Morse.

les autres. Ce fut sur celui-ci que nos mate-
lots dirigèrent principalement leurs coups;

mais il bravait et nos lances, malheureusement trop peu acérées pour percer son
épaisse cuirasse, et les atteintes de nos mas-
sues. Ce troupeau était si nombreux, et ses
attaques si vives et si multipliées, que nous
n'avions pas le temps de charger nos grosses
carabines, que nous pouvions seules employer utilement. Par bonheur, le commis
aux vivres se trouva prêt au moment où le
gros morse montrait sa poitrine. Il l'ajusta
en cet endroit, et lui envoya ses balles dans
le corps. L'animal tomba sur le dos au milieu de la bande qu'il dirigeait, et ceux-ci
abandonnèrent aussitôt le combat, entourè-
rent leur chef, le soutinrent au-dessus de
l'eau avec leurs défenses, probablement
pour l'empêcher de suffoquer, et l'emme-
nèrent.

« Une autre fois, ajoute ailleurs le même
navigateur, une de mes embarcations pour-
suivait un mâle et une femelle qui nourrissait
son petit. La femelle fut la première bles-
sée ; aussitôt le mâle plongea et vint violem-
ment heurter le dessous de notre canot. La
femelle, malgré sa blessure et trois lances
plantées dans son corps, prit son petit sous
sa nageoire gauche, et nagea vers un plateau de glaces sur lequel elle le déposa. Mais
à peine eut-elle lâché son petit, que celui-
ci, voulant venger sa mère, revint vers le

canot, et l'attaqua avec une fureur telle, qu'il l'aurait fait chavirer s'il eût été grand. Une blessure à la tête le força de rejoindre sa mère, que le mâle prit avec ses dents, et entraîna hors de notre portée. Nous avons été souvent témoin, dit encore le capitaine Buchanan, de cette affection réciproque. Ordinairement, après une décharge de nos fusils, tous les morses s'occupent de leurs compagnons blessés, les soutiennent avec leurs dents, et les aident à s'éloigner. »

Cette affection réciproque, pour me servir des expressions du capitaine anglais, doit être bien vive, puisque, malgré leur timidité naturelle, les morses bravent le danger afin de se protéger mutuellement, et livrent des combats pour lesquels ils ne sont pas faits, puisque la Providence ne leur a donné aucune des armes qu'elle accorde à toutes les espèces belliqueuses.

FIN

TABLE

20042. — Tours, impr. Mame.